TRAITÉ

DU

CINTRAGE DES BOIS

DE CHARRONNAGE,

A L'USAGE DES CHARRONS & DES CARROSSIERS.

PAR CH. MEUNIER,

OUVRIER CHARRON ET CINTREUR

A HIRSON (AISNE).

VERVINS. — IMPRIMERIE DE PAPILLON, LITHOGRAPHE,

PLACE SOHIER, 2.

TRAITÉ

DU CINTRAGE DES BOIS

DE CHARRONNAGE.

TRAITÉ

DU

CINTRAGE DES BOIS

DE CHARRONNAGE,

A L'USAGE DES CHARRONS & DES CARROSSIERS.

PAR CH. MEUNIER,

OUVRIER CHARRON ET CINTREUR

A HIRSON (AISNE).

VERVINS. — IMPRIMERIE DE PAPILLON, LITHOGRAPHE.

PLACE SOHIER, 2.

1862

TRAITÉ

DU CINTRAGE DES BOIS.

OBSERVATIONS PRÉLIMINAIRES.

L'usage des voitures étant aujourd'hui très-répandu, il est important que les charrons soient initiés, en cette partie du moins, de ce qui la concerne ; je n'ai pas à m'occuper dans ce traité de la fabrication des voitures, ce qui dépasserait mon but, mais je crois être utile en démontrant par des procédés simples, faciles et peu coûteux, la manière de cintrer les bois.

L'expérience que j'ai acquise par un long travail dans cette partie m'a mis à même de simplifier la manipulation du cintrage et de pouvoir le rendre accessible à tous les charrons: ce qui n'a été jusqu'à présent que du domaine des cintreurs de profession.

J'ai décrit le cintrage à la flamme qui, quoique ancien, est encore d'un grand secours dans beaucoup de cas, mais le chauffage à l'eau bouillante, et le chauffage au jet de vapeur, procédé nouveau, donne des résultats supérieurs et incontestables; le mérite de ce dernier, comme exécution, est d'être simple et ne demande qu'un matériel peu encombrant.

Enfin j'ai décrit l'appareil à chauffer à la vapeur pour les grands ateliers. Les petits établissements comme les grands trouveront dans ce traité, en tant que cintrage des bois, tout ce qui sera nécessaire à cet égard.

Être utile, comme j'ose presque l'espérer, tel est le but que je me suis proposé; s'il est atteint, je me trouverai amplement récompensé de mes peines.

BOIS.

Le frêne est l'arbre forestier le plus propre au cintrage des articles de charronnage, il devra être choisi de droit fil, doux et liant, aux pores serrés, sans nœud ni gerce (qualité essentielle pour être mou), par conséquent spongieux; c'est le bois, avec ces conditions, qui se courbe le mieux.

Néanmoins on peut encore courber d'autres bois tels que l'orme, les petits chêneaux, pour jantes de roues, le hêtre pour cercles à bâches de voitures, mais il faut qu'il soit vert; sec, il y aurait à craindre la casse. Le noyer est le bois par excellence pour le cintrage, mais il ne conviendrait pas pour brancards, derrières de tilburys, n'étant pas assez résistant; on ne peut l'employer au cintrage que pour ceintures de caisses de tilburys, cerceaux ou autres objets semblables; pour panneaux de voitures, il est préférable à tout autre bois.

Habituellement on prend les gros frênes dits trois âges, pour les derrières de trains de tilburys, les jantes de roues, les grands brancards, etc., les petits frênes pour les autures ou petits brancards, armons, etc.

Généralement les bois durs, compactes, se cintrent mal, plissent et éclatent d'autant plus vite que les pores en sont moins serrés.

Les arbres, à la rigueur, n'ont pas besoin d'être droits pour le cintrage, mais le sciage ne doit pas en contrarier le fil, au contraire, la scie doit suivre la courbe du corps de l'arbre sans jamais la contre-couper. Cette observation doit être rigoureusement suivie dans ce débit pour éviter des déboires.

Il existe aussi des frênes qui, bien que droits, ont le fil en spirale comme l'orme tortillard, mais moins prononcé; ces frênes doivent être rejetés.

Le débit du bois n'est pas chose indifférente; au contraire, il demande beaucoup de soin et d'attention : et autant il est facile à exécuter quand on a de beaux arbres, autant il est difficile quand ces arbres sont défectueux. Ce soin appartient donc tout particulièrement à l'ouvrier qui trace le débit en cherchant la plus grande économie possible.

Il est urgent, quand les arbres sont débités en plateaux ou en morceaux pour le cintrage, de les rentrer immédiatement dans un endroit à température moyenne, à l'abri de l'air et du soleil ; les bois ainsi placés sèchent lentement, se rengraissent en quelque sorte et se courbent plus facilement. Un bois vert se cintre mal, un bois sec également ; entre ces deux extrêmes, il faut prendre un milieu.

Communément l'échantillon du bois se classe ainsi : pour les derrières de tilburys, de trois mètres quatre-vingts centimètres de longueur sur cinquante-cinq millimètres carrés ; les brancards, grande longueur, pour trains carrés, se font sur le même échantillon ; les armons, de un mètre cinquante centimètres de longueur sur cinquante-cinq millimètres carrés ; les antures pour tilburys, de deux mètres cinquante centimètres de longueur sur cinq centimètres carrés.

La longueur et la force des jantes de roues sont subordonnées à la hauteur que l'on désire avoir. Supposons un mètre trente centimètres pour la hauteur des roues, il faudra trois fois ce diamètre pour obtenir la circonférence, qui est de trois mètres quatre-vingt-dix centimètres ; on en prendra la moitié, qui est de un mètre quatre-vingt-quinze centimètres, et on ajoutera à ce chiffre trente centimètres en plus pour la facilité du cintrage ; on aura donc pour longueur de la moitié du couronnement de cette roue deux mètres vingt-cinq centimètres, qui suffiront alors ; enfin les ronds d'avant-train, les cerceaux, les ceintures de tilburys se font sur les échantillons et courbes réclamés par les besoins.

Il en est de même de toutes les pièces de bois à cintrer ; l'usage auquel on les destine sert de règle à cet égard.

OUTILLAGE.

Pour exercer la profession de cintreur, il faut un outillage assez complet en raison du genre de fabrication que l'on veut faire, et subordonné aux produits que l'on pourrait écouler. Ceux qui en font leur état spécial doivent être munis d'un grand appareil à chauffer et avoir des modèles en grand nombre.

Quelques grands établissements ont des chaudières à vapeur qui font mouvoir plusieurs scies, telles que : scie verticale, scie à rubans et scie circulaire. On comprend que ceci est du ressort du mécanicien, et que la description de ces machines ne doit pas entrer dans ce traité. Du reste tout cela coûte très-cher et se rattache à une partie spéciale impossible dans beaucoup de localités ; mais à l'égard du chauffage des bois, des procédés et des principes de cintrage il n'y a aucune différence.

Le chauffage à la flamme a été le premier mode de courber les bois. Cette manière de chauffer est longue et défectueuse, et l'ouvrier peu expérimenté dans ce genre de travail réussit mal et laisse charbonner les bois qui, par là, perdent leur souplesse, leurs fibres deviennent sèches et cassantes. Pourtant avec un peu de précaution on parvient non pas à faire aussi bien qu'avec le bois bouilli à l'eau, la comparaison est impossible, mais on réussit assez pour que cette manière soit employée dans un cas pressant. Le chauffage à la flamme ne doit être alors considéré que comme auxiliaire expéditif, pour recourber des brancards qui ont perdu leur premier cintre ou qui sont jugés d'une courbe insuffisante, ou encore pour remettre un brancard à un train et pour le raccorder à celui qui reste ; ou enfin pour redresser les ridelles, les bras de charrettes, les barres ou traverses, etc., et dans beaucoup d'autres cas où son emploi est très-utile.

Pour opérer ce cintrage, on construit un châssis ou chantier (*fig.* 1re) de deux mètres cinquante centimètres de longueur A B sur une largeur de un mètre du dehors en dehors, monté sur quatre pieds ayant la hauteur de soixante centimètres A D, et réunis par quatre traverses E E E E. Une de ces traverses E est mobile et s'emmanche à enfourchement dans la tête de deux de ces pieds On la maintient en place par deux chevilles en fer. Cette mobilité de la traverse est nécessaire pour pouvoir la retirer et la remettre aussitôt au passage effectué des brancards entre les deux pieds. Les longerons F F du chantier assemblés dans les pieds au milieu de leur hauteur, doivent avoir quinze centimètres de largeur pour faciliter le percement des trous sur une épaisseur de cinq à six centimètres environ ; les pieds seront d'un échantillon en rapport avec les longueurs.

On divise les longerons pour les trous de la manière suivante : sur la ligne A B et à partir du point A, pour percer le deuxième trou, on laisse un intervalle de trente centimètres, entre le second et le troisième vingt-sept centimètres, entre celui-ci et le quatrième vingt-trois centimètres, de ce dernier au cinquième trente centimètres, du cinquième au sixième trente centimètres, et enfin de ce dernier au septième quarante centimètres. Le premier trou se perce dans le milieu du pied et en-dessous de la ligne A B; le huitième et dernier trou se perce en-dessus de cette même ligne ; il reste ensuite à déterminer la hauteur de ces trous. C'est encore la ligne A B qui sert de point de départ, elle se prend pour le tracé de ces trous en-dessous du longeron: le deuxième trou partant de cette ligne et à sept centimètres en-dessus ; le troisième on fait seulement une petite encoche pour recevoir le barreau en fer, le quatrième à onze centimètres, le cinquième à huit centimètres en-dessus, le sixième à six centimètres en-dessus, et le septième à cinquante-cinq millimètres en-dessus.

A la suite de ce châssis il faut des brides pour maintenir les deux brancards que l'on veut cintrer dessus. Ces brides sont tout simplement deux morceaux de bois de trente à quarante centimètres de longueur sur sept centimètres de largeur et cinq centimètres d'épaisseur, réunis par un boulon qui les traverse au milieu de leurs longueurs (*fig. 2*). Ce boulon est plus ou moins long selon l'épaisseur des bois aux-quels les brides sont destinées. Il est bon d'en avoir plusieurs et assortis de grandeur. On doit en posséder une en fer et faite d'une forme toute particulière, c'est-à-dire que la plaque inférieure A (*fig. 3*) soit recourbée pour que les bran-cards étant serrés, ne puissent pas s'écarter lorsqu'on mettra les coins. Il est des charrons qui ont toutes leurs brides en fer; cela coûte beaucoup plus cher et n'est pas d'un meilleur usage.

Voulant cintrer une paire de brancards sur ce chantier, on les place comme l'indique la fig. 1re; on met la bride en fer à cinquante-cinq centimètres du bout, et une autre en bois à un mètre de celle en fer, mais moins serrée; on allume un feu clair en-dessous et on mouille le bois avec un linge cloué à un bâton d'environ un mètre de longueur, on charge de poids l'extrémité des brancards qui fléchiront à mesure qu'ils se chaufferont ; pour écarter les bouts tenant au chantier on se sert de coins , que l'on enfonce graduellement jusqu'à ce que l'on ait obtenu l'écartement convenable.

On emploie également et de la même manière les coins pour écarter la partie II, et quand cette dernière est jugée propice, on la rapproche au moyen d'une corde; le cintre intérieur est alors obtenu ; on maintient les extrémités par des brides et on continue de cambrer jusqu'à ce que l'on soit arrivé à la courbe du barreau n° 4. Étant à ce point, on introduit les barreaux dans les trous n° 5 , 6 et 7; et on retourne l'instrument. On suit ce travail pour pouvoir mettre le barreau n° 8 qui clot entièrement l'opération.

On a dû voir que cette manière est perfectionnée , puisque l'on cintre une paire de brancards sans désemparer en deux ou trois heures, selon la qualité du bois , aussi selon la pratique de celui qui exécute l'opération.

Si on avait un morceau de bois à redresser, on exécuterait de la même manière; dans ce cas on n'emploie que deux barreaux : un mis dans les pieds et l'autre sur le chantier; et sous la courbe de la pièce, on allume le feu sous cette dite courbe , on charge ensuite l'extrémité de la pièce au fur et à mesure des besoins, c'est-à-dire graduellement et selon le degré de chaleur communiquée au bois.

Si on avait un panneau ou une planche bacquetée que l'on veuille redresser, le procédé le plus simple à employer est celui-ci : On mouille bien la partie creuse et on soumet le bouge ou le côté opposé à la flamme claire qui lui fait resserrer ses pores. La chaleur pénétrant le bois atteint la partie mouillée , et fait produire un effet inverse ou contraire au premier en écartant les pores de ce côté.

CHAUFFAGE A L'EAU BOUILLANTE.

Le chauffage à l'eau bouillante a succédé au chauffage à la flamme. Pour s'en servir, il fallait de vastes chaudières, et le charron ingénieux qui en avait alors le premier conçu l'idée dut probablement y renoncer, cependant Mugneron a ouvert la voie et il mérite la reconnaissance de tous.

Les charrons qui voudraient encore employer cette manière de chauffer feront faire un tube en tôle (*fig. 4*°) de trois à quatre mètres de longueur sur vingt-cinq centimètres de diamètre, et plus s'ils le désirent, ils le poseront incliné dans un fourneau fait exprès, en le maintenant dans cette position par des colliers en fer dont les chaines se fixeront à un plafond ou contre un mur.

Il est à observer que la partie du tube allant au feu doit être faite en tôle plus forte pour plus de durée, les joints ou rivets doivent toujours être en dessus pour éviter les fuites d'eau, et il est bon aussi de bien mastiquer. Ce tube ne doit pas être fermé hermétiquement, mais seulement bouché avec plusieurs épaisseurs de grosse toile tenue par une ficelle enroulée autour du tube. Si les pièces de bois que l'on cintre étaient plus longues que le tube, on envelopperait l'excédant d'une même toile que celle ci-dessus indiquée.

Ainsi de cette manière, avec un tube de trois mètres, on pourrait cintrer des derrières de tilburys, des grands brancards.

Quand l'eau est arrivée à l'ébullition, une heure suffit à partir de ce moment pour rendre le bois cintrable.

Lors d'une seconde opération et lorsque le bois aura été placé dans le tube, on remplacera l'eau évaporée en ayant le soin de laisser un intervalle de trente centimètres du bord, pour empêcher que l'eau ne s'échappe en bouillant.

CHAUFFAGE A LA VAPEUR.

Pour avoir une chaudière économique, d'un prix peu élevé, on se procurera chez les marchands de fer ou quin-cailliers deux chaudières n° 70 (*fig. 5*), c'est-à-dire d'une capacité chacune de 70 litres ; on ajustera à chacune trois cercles en fer laminé pour leur donner plus de solidité, puis sur les bordures ou couronnements entourant ces chaudières, on forera des trous espacés à quinze centimètres l'un de l'autre. Quand l'une de ces chaudières aura été forée, on la renversera sur l'autre pour y tracer les trous et les forer à leur tour, au moyen d'un repère marqué auparavant, on assemblera ces chaudières, qui seront fixées par des boulons. Préalablement il aura été donné une couche de minium sur la face des bordures, et cette couleur étant sèche on y appliquera un mastic composé moitié céruse en poudre et moitié minium liés à l'huile de lin et ayant la consistance du mastic des vitriers. Puis on en placera une épaisseur de cinq millimètres environ entre les bordures. En serrant les boulons, ce mastic devenu sec prévient les fuites d'eau. A la partie postérieure de la chaudière A (*fig. 6e*) il sera foré deux trous, dont l'un, de deux centimètres de diamètre servira à la sortie de la vapeur, l'autre d'un diamètre de quatre centimètres servira à l'introduction de l'eau et fera fonction de soupape ; à cet effet on garnira de plusieurs épaisseurs de drap, une petite planchette de quinze centimètres carrés sur deux centimètres d'épaisseur, que l'on appliquera sur ce trou et sur laquelle on mettra un poids de cinq kilog.; après avoir fait choix d'un emplacement convenable pour placer cette chaudière, on la revêtira de maçonnerie en briques jusqu'à sa hauteur pour plus d'économie dans le combustible. Le foyer sera en barreaux de fer ou de fonte de fer mis à peu de distance l'un de l'autre, et posés à une certaine hauteur du sol pour donner passage à l'air et exciter le feu.

La chaudière doit aussi être posée à une hauteur des barreaux pour l'introduction du combustible, hauteur qui peut varier selon que l'on brûlera du charbon ou du bois. Le boyau donnant passage à la flamme ainsi qu'à la fumée devra enlacer toute la chaudière c'est-à-dire tourner en spirale autour d'elle, avant de s'échapper. Cette construction donne beaucoup d'économie de combustible et de temps: car la flamme et la fumée touchant toutes les parois du générateur communiquent sans perte leur calorique et abrègeront de beaucoup l'ébullition.

Lorsque la vapeur commence à monter, il faut avoir soin de faire un feu modéré. Si malgré cette précaution la soupape venait à siffler on devrait encore le ralentir pour prévenir un accident, sans cependant trop s'effrayer : car avec du soin et de la précaution le danger n'existe pas.

Il faut bien se convaincre que pour chauffer le bois et le rendre malléable il n'est pas besoin d'une grande quantité de vapeur, il suffit qu'elle soit régulière et soutenue. A cet égard; il il vaut mieux mettre un peu plus de temps pour chauffer; il n'en coûte pas plus et toute crainte disparaît.

CONSTRUCTION DU ·TUBE.

Le tube dans lequel on met les morceaux à cintrer est fait

en bois ou en tôle, Il n'est ici mention que du tube en bois. Il a en longueur quatre à cinq mètres sur vingt-deux centimètres carrés intérieurement. Ces planches autant que possible doivent avoir trente-cinq à quarante millimètres d'épaisseur et être assemblées à languette comme le démontre la fig. 7e; il est nécessaire aussi avant de les assembler de peindre les languettes ainsi que les rainures et d'introduire dans ces dernières du mastic, comme il a été expliqué plus haut, mais un peu plus liquide. Pour maintenir l'assemblage de ces planches on se sert d'étriers en bois (*fig*. 8e), voir plus en grand (*fig*. 7e). Ces étriers sont deux morceaux de bois de cinq à six centimètres carrés. A leurs extrémités existe une mortaise donnant passage à deux traverses qui ont aussi une mortaise à leurs bouts. Ces mortaises reçoivent deux clefs qui ont pour but de donner pression aux planches à rainures et latérales du tube, ces étriers se mettent à trente centimètres l'un de l'autre.

Les planches doivent être en chêne et d'une seule longueur autant que possible; néanmoins on peut faire le tube en deux pièces, à la condition d'en bien joindre le raccord en faisant pénétrer un bout dans l'autre, entaillés chacun par moitié bois. Si on n'avait pas de chêne à sa disposition, on pourrait le remplacer par des planches d'orme, de hêtre et même de bois blanc, etc.

Je ferai observer ici que pour mon usage habituel j'ai fait un tube en bois de hêtre il y a quinze ans, et qu'aujourd'hui il est encore en très-bon état.

La planche faisant fond du tube, épaisse de cinq centimètres, s'assemblera également à languettes et pénétrera de quatre centimètres dans le tube en plus de son épaisseur.

Pour la fermeture de ce tube, on y ajustera une planche assez forte, dont les deux tiers de son épaisseur pénétreront dans la caisse et le reste formera le recouvrement. Cette planche A ou porte, maintenue par deux charnières à la planche du bas ou bien à une des planches de côté, selon la convenance, se fermera par un crochet.

La chaudière sera placée de manière que le tube mis sur le côté et à une certaine hauteur ait pour l'entrée comme pour la sortie des bois une croisée ou une porte en regard;

car en supposant quatre mètres de tube et quatre mètres le
longueur des pièces de bois, en tout huit mètres, il faudrait
un vaste atelier pour pouvoir introduire ces morceaux dans
le tube sans avoir recours à ces ouvertures.

Le tube devra être incliné vers son orifice, il sera supporté
par des chevalets C fixés dans le sol ou cloués au plancher D.

Pour prendre la vapeur de la chaudière et la faire communiquer à la caisse, on emploie un petit tube en cuivre d'un
diamètre de dix millimètres et courbé en rond E. Si on éprou-
vait des difficultés pour se le procurer, on le remplacerait
par des conduits faits de bois dur, en ayant soin, après les
avoir percés, d'y passer un fer rouge pour brûler les petits
filaments qui pourraient y être restés.

Pour la mise en train de l'appareil, on remplit d'eau les
deux-tiers de la chaudière, on met les bois dans le tube, on
ferme la porte et on allume le feu; on vérifie aussi si la
soupape est bien placée. Trente ou quarante minutes après,
si la chaudière a été bien montée, elle produira de la vapeur.
On reconnaîtra que le bois est assez chaud lorsque de la porte
du tube les gouttelettes d'eau sortiront brûlantes, l'épaisseur
des bois à cet égard sert de règle. Ainsi le chauffage à partir
de l'ébullition peut varier d'une demi-heure à une heure, et
même davantage si le bois est dur.

Il ne faut cependant pas trop le chauffer, car alors en
sortant brûlant du tube, il perd facilement son humidité.
Ses pores se détachent et forment des éclats. Le même incon-
vénient a lieu s'ils ne sont pas assez chauffés. Entre ces deux
extrêmes, il faut prendre un milieu que l'expérience de quelques jours fera connaître suffisamment.

CHANTIER A CINTRER LES RONDS DE TILBURYS,

JANTES DE ROUES, RONDS D'AVANT-TRAIN, ETC.

(*Fig.* 9). Ce chantier construit en forme de tréteau ou de
petit établi est fait d'un madrier de bois dur, ayant un mètre
soixante-dix centimètres de longueur sur trente centimètres
de largeur et huit à neuf centimètres d'épaisseur. Il est monté
sur quatre pieds écartés du bas, ayant de hauteur soixante-
dix centimètres et plus si on le désire. A vingt centimètres de

la tête A, on place deux boulons espacés l'un de l'autre de vingt centimètres, ces deux boulons servent à fixer les modèles sur le chantier, et à une distance de un mètre trente centimètres, à partir de chaque boulon, on fait un trou rond de neuf centimètres de diamètre pour le passage d'un treuil B. Le bout de ce treuil pénètre dans une traverse assemblée aux deux pieds par un tourillon fait à son extrémité.

CINTRAGE DES RONDS DE TILBURYS.

Avant de commencer l'opération, on dispose les modèles, les brides, les bandes de fer en nombre suffisant pour les pièces que l'on a à cintrer. Le bois étant chaud, et à l'avance ayant fixé sur le chantier le modèle du rond C, on met la pièce de bois D sur le banc; cette pièce est garnie de toute sa longueur d'une bande de fer laminé de cinquante-cinq millimètres de largeur sur un millimètre et demi d'épaisseur, à l'effet de prévenir les éclats; elle est fixée à ses deux extrémités par deux frettes munies d'une vis de pression (*fig.* 10), ou sans vis, mais dans ce cas serrées par un coin; on ajuste le milieu de la pièce de bois sur le milieu du modèle maintenu à cette plaque par une bride (*fig.* 11) dont on voit une échancrure au bout du banc qui y donne passage, on met ensuite contre cette bande deux leviers E E de cinq centimètres carrés et d'un mètre de longueur; ces leviers sont tenus à chaque bout par une frette qui aura été glissée contre la pièce de bois avant le passage de la frette calant la bande de fer; à une extrémité de chaque levier existe un crochet auquel s'accroche une corde F F, qui va s'enrouler au treuil B. En tournant ce treuil, on fait approcher du centre les deux bouts G G du morceau à cintrer, et étant arrivé contre le modèle, on le maintient en place au moyen de brides semblables à celle de la fig. 11. La même opération se répète pour chaque pièce.

Le cintrage des jantes de roues se fait aussi de la même manière. On emploie également les bandes en fer laminé pour éviter les éclats, ainsi que les deux leviers, mais beaucoup plus longs, pour racheter la différence qui existe entre la longueur d'un rond de tilbury et celle d'une jante de roue.

Les morceaux de bois disposés pour jantes doivent dépasser chaque côté du modèle de quinze centimètres en longueur, afin de pouvoir placer les frettes calant la bande de fer, ainsi que les frettes pour les leviers.

On maintient de la même façon le tour de jante contre le modèle au moyen de quatre presses (*fig*. 11) qui doivent suffire, à moins qu'il n'y ait des jarrets dans la courbe.

Même procédé pour les ronds d'avant-train et autres pièces qui exigent d'être courbées en rond.

MODÈLE DE BRANCARD.

Pour l'exécution de ce modèle, il faut en faire l'épure, c'est-à-dire le plan par terre (*fig*. 12).

A cet effet on prend un panneau ou une planche assez large, et à défaut de l'un ou de l'autre, on peut tracer sur le plancher ou bien sur un pavé plat. On trace une ligne de A en B d'un mètre trente centimètres de longueur, et du point A on en trace deux autres C D, écartées chacune de vingt centimètres du point B, ensuite on divise la ligne du milieu en neuf parties inégales comme l'indique l'épure et aux distances respectives marquées en tête de la fig. 13, Sur ces mêmes lignes tracées, en commençant toujours par A, on distance des points en dehors C D. La distance de ces points principaux est cotée sur l'épure et raccordée par d'autres points pour la courbe intérieure, ou pour mieux dire la courbe des flancs du modèle.

Pour obtenir la courbe de face indiquée par le modèle vu en élévation (*fig*. 13), on trace également à une petite distance de l'épure deux lignes parallèles, et aussi parallèles à celle du milieu de l'épure, distantes de cinq centimètres entre elles, épaisseur du madrier nécessaire pour faire le modèle. Les lignes verticales de une à neuf, traversant cette épure, se prolongent au-delà desdites deux lignes. Ensuite au n° 1 et à la ligne en-dessous, on fait un point; au n° 2, en suivant la même ligne, on en fait un autre, et ainsi de suite jusqu'au dernier numéro, dans l'ordre où ils sont placés et cotés au dessin. Les lignes ponctuées indiquent la courbe du brancard. Il va sans dire que l'on aura raccordé les points majeurs par d'autres points pour le tracé du modèle.

Pour la construction du modèle on prend un madrier pouvant porter quarante centimètres de largeur. Ce madrier peut aussi être fait en deux parties assemblées par des clefs chevillées, sur cinq centimètres d'épaisseur.

On le façonnera, comme l'indique la fig. 14, en y relevant toutes les lignes de l'épure pour la facilité du travail, on fait à chacune de ses extrémités des échancrures dans le milieu, dont les côtés réservés A A A A servent à retenir les brancards au moyen de frettes, ensuite on cloue deux planches arrondies sur leurs tranches et en-dessus A (*fig.* 13). Sur cette face qui forme la courbe du modèle, on cloue également de la volige pour obtenir une partie pleine. Sur cette volige on cloue les tasseaux E E E E E E (*fig.* 14) pour le cintre intérieur des bouts de brancards ; on ajuste ensuite, clouées par le bas, deux courbes de bois B (*fig.* 13) boulonnées par le haut et fixées au modèle par une traverse. La partie courbe en contre-bas C, de la même fig., s'obtient par un tasseau que l'on rapporte contre le madrier ; sur ces tasseaux il s'en adapte encore deux autres comme l'indiquent les lignes ponctuées B B (*fig.* 14). Ces derniers tasseaux ont pour fonction de donner le cintre intérieur des brancards. La fig. 15 montre en oblique le modèle, et en doit donner une idée suffisante.

CINTRAGE SUR CE MODÈLE.

On pose le brancard sur la tête du modèle, on le fixe par une frette serrée par un coin à la partie A d'échancrure réservée pour cet usage, on garnit la partie à courber de fers laminés réunis entre eux par des rivets (*fig.* 16) ; si le bois est douteux, on appuie ce brancard pour lui faire obtenir la petite courbe A de la fig. 13, on le retient ensuite par une presse, puis on renverse le modèle sur son flanc et on tire à soi le brancard pour lui donner la courbe C, en mettant une cheville dans le pied au fur et à mesure qu'il approche afin d'obtenir des temps d'arrêt. Pour faire arriver le brancard contre le modèle on emploie des presses et on le fixe ensuite par une frette à la partie d'échancrure réservée.

La fig. 17 montre cette frette faite en carré long.

MODÈLE DE BRANCARD FAIT D'UN MADRIER.

Ce modèle est le plus simple. Il consiste en un madrier de deux mètres cinquante centimètres de longueur, sur vingt-six centimètres de largeur, portant huit centimètres d'épaisseur traversé par des chevilles de trente à trente-cinq millimètres de diamètre, espacées de distance en distance, et réglées de hauteur selon la courbe que l'on désire obtenir.

La fig. 18 montre le madrier vu de face et en élévation, ainsi que les trous des chevilles, placés à distance et hauteur depuis un jusqu'à sept, ayant pour point de départ A et allant jusqu'en B. C'est aussi de cette même ligne que partent les hauteurs pour les trous.

La fig. 19 représente le madrier vu de champ et sur sa tranche. On part également du point A pour la distance des tasseaux de un à cinq. A chacune de ces distances on cloue les tasseaux dont l'épaisseur est cotée à la suite d'une ligne partant desdits tasseaux. La ligne ponctuée les longeant indique le cintre intérieur du brancard.

Pour cintrer sur ce modèle on met le brancard sous la cheville N° 1, on l'appuie sur les Nos 2 et 3. Cette cheville N° 3 est fixe et a de chaque côté un arrêt pour le maintenir. On appuie encore le brancard sur le N° 4, ensuite on emmanche les chevilles Nos 5, 6 et 7 sans les faire dépasser de l'autre côté du madrier, on relève le brancard contre ces chevilles et on le fixe à la cheville N° 8 qui a aussi un point d'arrêt. (*Cheville à arrêts, fig.* 20).

La même opération se répète de l'autre côté pour le second brancard, et lorsqu'on est aux chevilles Nos 5, 6 et 7, on les chasse pour que l'objet vienne se cintrer contre. On remarquera que ce côté doit être aussi garni de tasseaux semblables au côté opposé. Sur ce madrier on peut cintrer des entures de tilburys jusqu'à près de trois mètres, et si on voulait cintrer une plus grande longueur, on serait même obligé d'opérer tête à pointe, c'est-à-dire qu'on ferait le même tracé pour les trous en B que ceux faits en A ; alors les deux courbes pour la dossière seraient, l'une en A et l'autre en B.

Deux madriers réunis ensemble en A et écartés en B de quarante centimètres, montés sur trois pieds de trente centimètres de hauteur, tracés chacun comme il vient d'être dit plus haut, constituent le modèle le plus simple et le plus facile à exécuter. Le petit dessin (*fig.* 21) indique suffisamment sa construction.

MODÈLE D'ARMON.

La fig. 22 représente la vue de face du modèle. C'est un petit madrier de n'importe quel bois, que l'on façonne à un mètre cinquante centimètres de longueur de A en B, sur vingt-deux centimètres de largeur, portant six centimètres d'épaisseur. On divise ce madrier en quatre parties par des lignes D C E F dont les distances sont cotées au dessin, on enlève ensuite de chaque côté du madrier cinquante-cinq millimètres de bois au milieu et à chaque extrémité, ce qui forme des entailles pour le passage de l'armon.

(*Fig.* 23, *vue de champ de madrier*). On trace les mêmes lignes qui viennent d'être décrites sur la face, et en plus celles suivantes. Aux deux lignes du milieu C E et à une distance de trois centimètres, on en tire deux autres G I qui leur sont parallèles. A partir de ces lignes on en trace encore deux autres, une en H et l'autre en J. Entre ces quatre points G I H J, on fixe par des chevilles deux tasseaux dont l'un A aura quarante millimètres d'épaisseur au milieu, et l'autre B quarante-cinq millimètres également au milieu. On raccorde les intersections des lignes marquées par des points sur le dessin et on a la courbe désirée. Deux petits montants K K' emmanchés à tenons servent à maintenir l'armon par une cheville lorsque l'opération du cintrage est terminée.

La fig. 24 représente le modèle vu en oblique ; par cette figure on peut se rendre compte de sa construction.

Pour cintrer les armons on garnit les deux-bouts de la pièce de bois sortant du tube, de bandes de fer laminé A et B (*fig.* 25); on introduit le morceau à cintrer dans l'entaille C et à soixante-deux centimètres du point A ou du bout.

Il faut que les bandes de fer dépassent l'entaille pour qu'elles ne puissent s'échapper de cette dite entaille en courbant l'armon. Sur ces bandes de fer est rivé un crochet comme l'indique le dessin afin que ces bandes ne glissent que par l'entaille. On fixe le modèle sur l'établi et sous la pression du valet. Avec un levier D retenu à la pièce de bois par une frette on fait arriver le morceau à cintrer contre le modèle. Ne pouvant courber qu'un bout à la fois on retourne le moule pour courber l'autre bout.

Ce levier peut avoir deux mètres de longueur. Du reste, plus il sera long, moins l'on aura de mal pour l'exécution.

LISOIRS ET SELLETTES POUR AVANT-TRAIN.

(FIGURE 26, MODÈLE DE LISOIR).

On le fait de manière à cintrer une pièce de chaque côté de la longueur que demandent les lisoirs, avec un renflement dans le milieu, qui varie entre cinq ou six centimètres, selon les courbes que l'on désire. Pour cintrer cesdits morceaux, si on n'a pas de forte presse en fer à sa disposition, on fait un petit chantier A monté sur quatre pieds, la fig. 27 le montre vu de champ. La pièce de bois B devra être assez forte de hauteur pour pouvoir faire dans le milieu une encoche C qui recevra le modèle ainsi que les deux morceaux à cintrer. Dans cette pièce de bois et sur sa face on fait une mortaise qui le perce de part en part, et assez longue de chaque côté de l'encoche pour recevoir deux cales et un coin dans le milieu D D D D D. Ce modèle et les deux pièces à cintrer étant placées sur le chantier, on met les cales dans les mortaises et on serre par le moyen d'un coin; ce coin étant arrivé jusqu'à la tête est remplacé par un autre coin sur une des cales qui la chasse dehors. Si cela ne suffisait pas, on répèterait la même opération sur ce même coin jusqu'à ce que les pièces soient arrivées contre le modèle.

On laissera sécher quelques jours les pièces de bois. Lorsqu'on les retirera on les réunira par le moyen de tringles de bois clouées sur le champ des pièces, afin qu'elles conservent leurs formes.

MODÈLE DE RONDS DE TILBURYS, FIG. 28.

Ce modèle est fait d'un bout de madrier d'orme, de frêne ou de hêtre, et même de bois blanc, et fait en deux morceaux, si on n'a pas de largeur suffisante. Sa largeur est de quarante centimètres sur six centimètres d'épaisseur. Sa courbe, sur les deux angles A A s'obtient par une ouverture de compas de quatorze centimètres, sur lesquels on décrit un rond ayant le point B pour centre. On perce des trous autour de ce modèle pour recevoir les broches des brides. Il est urgent d'en avoir de plusieurs longueurs et assorties aux largeurs des trains que l'on a l'habitude de faire.

MODÈLE DE JANTES DE ROUES, FIG. 29.

Ce modèle est fabriqué de quatre petits plateaux en bois et façonné au diamètre de la hauteur des roues que l'on veut construire. Son épaisseur doit être en rapport avec l'épaisseur des jantes à cintrer. On perce des trous sur le tour de ce modèle pour l'introduction des broches en fer des brides.

PRESSE OU BRIDES, FIG. 11. PRESSE EN BOIS.

Les branches de cette presse ont vingt ou vingt-cinq centimètres de longueur, sur quatre centimètres de largeur et trois centimètres d'épaisseur, écartées l'une de l'autre de neuf à dix centimètres. La vis est en bois et ressemble à celle employée par les menuisiers pour leurs presses à coller. On fait aussi en fer cette presse et certainement elle est plus résistante.

(*Fig.* 30.) Presse en fer que l'on fait de toutes forces et de toutes grandeurs. (*Fig.* 31.) Presse en bois destinée aux mêmes fonctions que la précédente. Elles sont un peu moins bonnes il est vrai, mais remplissent le but et coûtent moins cher. Le dessin indique assez comment il faut les construire. Leurs forces et leurs grandeurs varient en raison de l'usage auquel on les destine.

(*Fig.* 32). Lisoir et sellette réunis par des tringles. (*Fig.* 33.) Armon réuni également par des tringles. (*Fig.* 34.) Rond de tilbury. (*Fig.* 35.) Anture de tilbury réunie par des triangles. (*Fig.* 36.) Cerceau pour tapissière, voiture de boucher, etc. Ces cerceaux se cintrent en paquet de trois ou quatre cerceaux l'un sur l'autre et sans autre secours que la main. Les cintres ou modèles sont proportionnés en largeur selon les besoins. Un derrière de tilbury peut servir de modèle, ou encore un modèle servant à faire ce dernier (*fig.* 28), mais dans ce dernier cas il faut y joindre deux montants pour que les cerceaux soient pressés sur toute leur longueur.

Les cerceaux pour capote de voiture se cintrent sur un modèle fait exprès et selon la courbe qui convient le mieux. Ce modèle soit qu'il soit fait dans un plateau ou au moyen de pièces de bois assemblées devra être garni de trous sur le tour pour recevoir les brides. Ces cerceaux peuvent se cintrer deux par deux sur un modèle assez large. Ils ont besoin d'être garnis de fer laminé pour éviter les éclats, au moyen d'une frette et d'un levier on les appuie facilement autour du modèle.

CHAUFFAGE AU JET DE VAPEUR.

Ce chauffage, simple par son matériel, dérive des autres manières de chauffer. Il réunit les éléments nécessaires pour une bonne exécution. Il n'a jusqu'ici été employé nulle part que je sache, et je crois être un des premiers qui en ait fait usage.

Pour effectuer ce chauffage, les charrons ajusteront à la chaudière qu'ils ont pour faire bouillir leurs moyeux, un couvercle en bois d'une épaisseur de trois à quatre centimètres. Si la chaudière a une bordure ou couronnement elle sera boulonnée comme il a été indiqué pour les deux chaudières réunies. Dans le cas contraire la simple bordure sera noyée d'un centimètre dans l'épaisseur du couvercle (*fig.* 37). Dans l'un comme dans l'autre cas, le mastic au minium sera employé pour empêcher les fuites. Ce couvercle à rainure devra être chargé par un poids quelconque afin qu'il fasse pression contre la bordure de la chaudière, ce couvercle peut se faire en deux morceaux; mais alors il faut qu'il soit bien langueté. Deux trous pratiqués dans son épaisseur serviront aux usages décrits ci-dessus au grand appareil à chauffer, savoir : un pour la soupape de sûreté, l'autre pour la sortie de la vapeur.

Pour conduire cette vapeur, on se servira de tuyaux en bois d'une longueur indéfinie, au moyen de rallonges.

Il ne faut jamais oublier de passer un fer rouge dans les trous des conduits pour les rendre nets ; ces trous devront avoir un diamètre de dix millimètres au plus.

Observation : On n'emplit d'eau que les deux tiers de cette chaudière.

Cette chaudière, placée dans le foyer ordinaire de l'atelier, sera montée sur maçonnerie ou sur trois pieds. On devra, pour le travail, mettre à sa proximité les chantiers à cintrer et diriger l'orifice des conduits vers ces chantiers, afin que la vapeur prenne le bois en-dessous ; pour rabattre la vapeur en-dessus du bois, on fixera au chantier une planche dans ce but, ou bien on enveloppera de grosse toile le bois soumis à l'opération, qui par ce moyen conservera sa chaleur et son humidité.

D'après ce qui vient d'être dit, on voit que l'on peut substituer le cintrage à la flamme par le cintrage au jet de vapeur, et que celui-ci l'emporte de beaucoup, parce que la flamme ne peut pas cintrer tous les genres de morceaux, tandis que le jet de vapeur se prête à toutes les courbes imaginables.

Pour cintrer les ronds de tilburys, on emploie un conduit à double sortie de vapeur, on met une sortie sous chaque courbe du morceau de bois et on ne tourne le treuil qu'au fur et à mesure que le bois s'échauffe.

Pour cintrer les jantes de roues, les ronds d'avant-train ou tout autre morceau d'un rond parfait, on se sert également d'un conduit à double sortie de vapeur, mais beaucoup moins long. Les orifices ne doivent pas être écartés l'un de l'autre plus de dix à quinze centimètres, et doivent être placés au milieu de la pièce à cintrer ; par exemple s'il s'agit d'une jante de roue, on placera ces orifices au point A (*fig.* 29), point où on fixe le morceau de bois par une bride ; on fera tourner ces orifices vers le point C au fur et à mesure du mouvement du treuil. Quand la pièce sera arrivée contre le modèle, on repartira du point A vers le point B pour amener l'autre bout contre lui.

Il en est de même pour toutes les pièces de bois que l'on voudra cintrer en rond.

Pour cintrer les brancards sur le chantier (*fig.* 1), au lieu d'employer la flamme, on devra se servir du jet de vapeur, en faisant arriver ce jet où on devrait faire du feu, on changera le jet de place comme le demanderont les brancards en se courbant contre les barreaux du modèle. On se servira aussi de coins pour écarter les bouts, ainsi que pour l'écartement du ventre du brancard.

A la rigueur on pourrait construire pour l'usage de cette chaudière un petit tube de dix à quinze centimètres carrés, sur deux ou trois mètres de longueur, et faire communiquer la vapeur dans son intérieur; cette construction ferait un petit appareil qui serait d'un très-grand service pour les charrons qui cintrent peu. Avec une caisse de deux mètres de longueur, on peut cintrer toutes sortes de brancards, quelque grands qu'ils soient. A cet effet, on garnit les brancards excédant le tube de grosse toile qui enveloppera aussi le tube. De cette manière le tube se trouve rallongé par la toile qui conserve la chaleur au bois et en même temps ferme le tube. Il en est de même de celle de trois mètres pour les derrières de tilburys, et les cercles pour bâches, qui ont quelquefois quatre mètres et plus de longueur.

FIN.

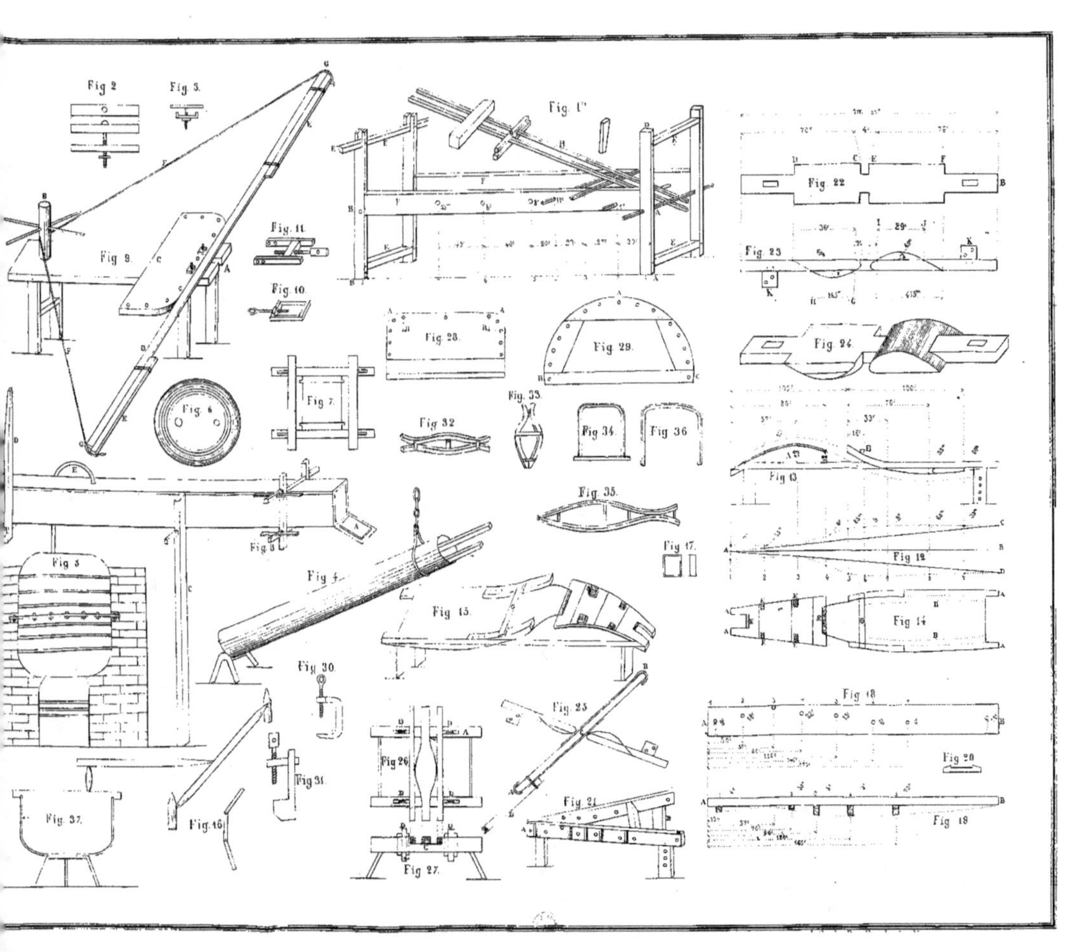